KEMIALLISET ALKUAINEET
Jaksollisen

Lähes rajaton esineitä ja materiaaleja ympärillämme on oikeastaan koostuu vainrajoitettu määrä alkuaineita . Tiedamme tänään, että 91 esiintyvät luontaisesti maapallolla . Ne alkavat vetyä, joka muodostettiin pian sen jälkeenmaailmankaikkeus syntyi . Muut 90 tehtiin joko ydinreaktioiden tapahtuvatydin polttaminen tähteä taikatastrofaalinen räjähdykset nimeltään supernovas jotka ovat joskus syntyy, kuntähdet kuolevat . Useat enemmän elementit on tehty keinotekoisestilaboratorioissa .

Jokainen elementti käyttäytyy eri tavalla ja on erilaiset ominaisuudet kuin kaikki muut . Järjestelmä järjestää tietoa kemiallisista ominaisuuksista elementtejä ja kemiallisia yhdisteitä, ne muodostavat on välttämätöntä . Moderni jaksollisen perustuu ensisijaisestityöhönVenäjän kemisti Dmitri Mendeleyev jonka pöytä on julkaistu vuonna 1869 sijoitettuelementtejävaakarivit mukaan niiden painon yhdella rivillä allatoisensa niin , että kaikkielementit , joilla on samanlaiset ominaisuudet vaipui pystypilaria . 1900-luvulla kanssa saadun tiedon rakenteesta atomin ,oikea tapa tilataosia löydettiin jaesillä jaksollisen oli muotoiltu .

Atomit koostuu protonien , neutronien ja elektronit ovat perusosatelementtejä. Englanti fyysikko Henry Moseley osoitti, että mikä määrääkäyttäytymistä kukin alkio on sen atomi numero ,protonien lukumäärä sen ydin , ei sen atomipaino joka ontoimenpiteen kokonaismäärastä protoneja ja neutronejaydin. Oikea tapa tilataelementtienjaksollisen oli siis niiden atomi numero . Vaikka atomien tietyn elementin on sama määrä protoneja niilla voi olla eri määrä neutroneja . Näitä kutsutaan isotoopit ja niiden olemassaolo selittää , miksiatomin paino onepäluotettava mittarielementin sijaintia jaksollisen .

Elementit on järjestetty , jotta niiden atomiluvut riveihin kutsutaan aikoja . Liikkuu vasemmalta oikealle kokoajan , on siirtyminen osista, jotka ovat metalleja , jotka eivät ole metalleja . Pystypilarien jaksollisen kutsutaan ryhmiä . Kaikkielementitryhma on samankaltaiset kemialliset ominaisuudet ja niita joskus kutsutaan perheille elementtejä.

MIKSI elementitGROUP on samankaltaiset kemialliset KÄYTTÄYTYMINEN

Atomien määrä määrittää kuinka monta negatiivisesti varautuneet elektronit sisältyvät atomien tietyn elementin ja se on rakenne elektronit kiertävät tuma . joka määrittää, miten elementit reagoivat toistensa kanssa . Tämä jakelu elektronienvalenssi , tai ulko - kuori atomin altistuvat muita atomeja , kun ne reagoivat . Osat, joiden valenssi kuoret ovat aivan täynnä ovat erittäin vakaita ja näyttävät reagoivan lähes mitään muuta. Ne joilla on epätäydellinen kuoret pyrkivät reagoimaan muiden atomien tavalla, joka täyttää nämä kuoret . Atomit , joilla on samankaltaisia valenssi - kuori kokoonpano on samankaltaiset kemialliset ominaisuudet . Elementit samassa ryhmässä jaksollisen on sama määrä valenssielektronien .

Jaksollisen sitten on kartta, jossa on tapa, jolla elektronit järjestää itse atomit tietyn elementin . Kyky ennustaakemiallinen käyttäytyminenperusteella niinrivin ja sarakkeen , jossa todetaan tekeejaksollisenkorvaamaton viitekohtanaharjoittajia tieteen .

HYDROGEN
Atomic numero : 1
Kemiallinen merkki : H
Ryhmä : 1A

Vety koostuu vainyhden protonin , joka toimii sen ydin , kiersiyhden elektronin . Sen yksinkertaisuus auttaa selittämään, miksi se on ylivoimaisestiyleisin alkuaine , jotka muodostavat 93 % kaikista atomien maailmankaikkeudessa . Vety onkaasu , joka ei ole hajua tai makua , on täysin väritön ja erittäin flammable.the Seos vetyä hapen kanssa tuottaa sen yleisin yhdiste , water.hydrogen sisältyy myös orgaanisia yhdisteitä , biologisten yhdisteiden läsnä eläviin organismeihin , parfyymien , väriaineita , torjunta-aineet , DNA: t ja proteiinit ! Lista jatkuu ja jatkuu !

HELIUM
Atomic numero : 2
Kemiallinen merkki : Hän
Ryhmä VIII-jalokaasut

Kuten kaikki jalokaasut , helium on väritön ja odourless.together vetyä ja heliumia muodostavathämmästyttävää 99,9 % elementtejä maailmankaikkeudessa . Sen nimi tulee kreikan " Helios ", joka tarkoittaa" aurinko " . Helium auringon tuotetaanfuusio vety. Tämä reaktio tuottaaenergiaa , että aurinko säteilee avaruuteen . Helium onalhainen tiheys ja on siksi hyödyllinen ilmalaivat ja ilmapallot sen nosteen air.astrnomers käyttääerittäin kylmä neste heliumin poistaa lämpö "melu" helpompi ja luotettavampi vastaanottaa tietoja kaukaisista galakseista .

LITHIUM
Atomic numero : 3
Kemiallinen merkki : Li
Ryhmä IA -Alkalimetallit

Metallilitium on erittäin reaktiivinen ja yhdistyy alumiinin kanssa muodostaen alhainen tiheys, rakenteellisesti vahva metalliseos käytetään lentokoneita ja avaruusaluksia . Sitä käytetään myösplusnapaan tai anodi pienissä akkuja käytetään kameroita , sydämentahdistin ja laskimia . Litiumhydroksidilla onerittäin tehokas ilma - puhdistamot . Se imee CO2 ilmasta muodostaen litiumkarbonaattia . Litium on suurin lämpökapasiteetti mitään alkuainetta . Tämä ominaisuus tekee siitä ihanteellisen lämmönsiirtomateriaali ja sitä käytetään koe- ydinreaktoreiden imeätuottama lämpöfissioning uraania.

Lääketieteessä litiumkarbonaatti ja litium sitraattia tunnetaan erittäin tehokas mielialalääkkeiden maanis- depressiivinen sairaus .

BERYLLIUM
Atomic numero : 4
Kemiallinen merkki : Ole
IIA -maa-alkalimetallien

Sen puhtaassa muodossa , beryllium onkevyt , melko kova , harmaa - valkoinen metalli . Kuten kaikki metallit , jotka muodostavat maa-alkali- ryhma, se on aivan liian kemiallisesti reaktiivisia jotka löytyvät sen vapaassa tilassa . Talletuksetmineraali beryllium jakautuvat Brasilia, Argentiina ja Yhdysvallat . Kristallit beryllium ovat tunnettuja hieno ulkonäkö . Seka Emerald ja akvamariini ovat luonnossa esiintyviä arvokasta muotoja tämän mineraali . Beryllium ollut keskeinen roolilöytöneutronien vuonna 1932 ja on käyttökelpoinen, kun tutkimukset on atomiytimen .

BOORIN
Atomic numero : 5
Kemiallinen merkki : B
Ryhmä III

Boron onkova , hauras , ei-metallinen elementti . Se on yleensä sidottu happea, vettä ja natriuminyhdiste nimeltään borax , jota käytetään puhdistusaineena ja vedenpehmennintä . Kun vesi on pehmennyt ,magnesiumia ja kalsiumia korvataan suhteellisen harmittomia natrium ja kalium . Toinen booriyhdiste on boori aced käytetään teollisesti tehdä Pyrex ,lämpöäkestävästä lasia käytetään keittioissä . Boron " tangot " ovat ratkaiseviahyödyntäminen ydinreaktoreita . Ne voidaan laskeareaktorin absorboida neutroneja siten tehon ohjaamiseksi tuotetaan reaktoriin.

CARBON
Atomic numero : 6
Kemiallinen merkki : C
Ryhmä IV

Carbon on vain 0,09%maankuoren massasta , mutta se onosa kaikkein välttämätöntä elämän planeetallamme . Carbon velkaa sen keskeinen asemaorgaanisten maailmassakyky sen atomien yhdistää muihin hiiliatomia muodostaa pitkiä ketjuja, jotka ovat joko suora tai haarautunut . Yksi tällainen pitkäketjuiset molekyylinDNA löytyygeneettistä materiaalia kaikkien elävien olentojen . Elementit voivat esiintyä useita luonnollisia muotoja kutsutaan allotropes . Hiili löytyyallotropic muotoja grafiitti -. hiili- ja useimmat näyttävästi timantti .

NITROGEN
Atomic numero : 7
Kemiallinen merkki : N
Ryhmä V

Typpi ei ole mitään järkeä stimulaatiota omaisuutta ja olemme jatkuvasti hengitys suuria määriä kuin me hengittää ilmaa . Se hallitseekaasuja maapallon ilmakehään muodostavat noin 78 % tilavuudesta. Typen muotoja satoja tuhansia yhdisteitä, jotka ovat ratkaisevan tärkeitä maatalouden ja teollisuudenjoista tärkein on ammoniakkia . Kaasumaisessa muodossa , typpeä käytetään usein sellaisissa tilanteissa, joissa on tärkeää pitää muita, reaktiiviset ilmakehän kaasujen pois . Esimerkiksi hapettumisen estämiseksi viini- pullot ovat usein täytetty typellä sen jälkeen, kun korkki on poistettu .

OXYGEN
Atomic numero : 8
Kemiallinen merkki : O
Ryhmä VI

Happi on olemassa ilmakehässä veteen jamaankuoren vuonnavaltavasti erilaisia kiviä ja mineraaleja . Se on välttämätöntä elämän ja osa jokaisen biologisen molekyylin kehossamme . Vaikka monet luonnolliset prosessit kuluttavat happea , se on jatkuvasti täydennettävä fotosynteesi kasveissa näin jatkuvasti kulutetaan ja jatkuvasti tuotetaan . Englanti kemisti Joseph Priestley hyvitetäänlöytö hapen . Hän lämmittääoksidi elohopean ja totesi, ettäkaasun se antoi pois aiheuttikynttilän polttaaerittäin loistava liekki . Kaasu oli happea !

fluori
Atomic numero : 9
Kemiallinen merkki : F

Ryhmä VII-Halogens
Fluori onpienin , kevyin jauseimmat reaktiivinen halogeeni . Kaikki atomien tässä ryhmässä helposti yhdistää metallit muodostavat suoloja . Monissa osissa maailmaa natriumfluoridin lisätään julkisen vesihuollon . Tutkimus on osoittanut, että pieniä määriä fluoria voi hidastaakehitystä onteloita hampaat . Kun läsnä on vety, fluori palaa räjähtäviä voima, fluorivetyä , joka veteen liuotettuna muodoissa fluorivetyhappoa. Se on erittäin vaarallista . Kuitenkin sitä käytetään liuottamaan lasia ja sitä käytetään etch design lasiesineitä .

NEON
Atomic numero : 10
Kemiallinen merkki : Ne
Ryhmä VIII-Noble Kaasut

Neon kuten kaikki jalokaasut on yksiatomisella . Tuttu neonvalot vuonna myymälä ja ravintola ikkunat sisältävät neon kaasua, joka palaa, kun se syöttaa energiaasähkön purkaus . Kun tämä tapahtuu , neon atomienkaasun antaa pois säteilynmuodossa oranssi - punainen valo . Erilaisia kaasuja käytetään tuottamaan merkkejä eri colurs . Jokainen kaasua kun innoissani säteilee oman ominaisen värin . Kaupallinen neon tuotetaan air - nesteyttämislaitoksissa . Koska neon on kiehumispiste on -229 Celsius-asteen , se pysyyjälkeen jäännösenemmän haihtuvia typpi ja happi ovat keitetty pois !

SODIUM
Atomic numero : 11
Kemiallinen merkki : Na
Ryhmä IA -alkalimetallien

Natrium onerittäin reaktiivinen kirkas hopeanhohtoinen metalli kevyt kelluu veden pinnalla ja riittävän pehmeitä leikata veitsellä . Se onosa monia tärkeitä yhdisteitä , joita löytyy laajalti koko maan . Natriumkloridia ,kemiallinen nimi ruokasuolan louhitaan valtavia määriä luonnon suolajäämät . Natriumbikarbonaattia yleisesti tunnettu ruokasoodaa käytetään tekemään leivonnaisia nousu lämmitettäessä tai taikinan nousta , kun leivotaan . Sitä käytetään myös neutraloimaan liikaa mahan happamuutta ja asiamiehenä sammuttimet .

MAGNESIUM
Atomic lukumäärä : 12
Kemiallinen merkki : Mg
Ryhmä II-maa-alkalimetallien

Magnesium on läsnä niin suuria määriä merivedessä ettämaailman valtameret sisältävätlähes rajaton tarjontaliuenneen aineen . Sen suuri etu on, että se on erittäin kevyt , joka myös tekee siitä ihanteellisen luomassa autojen ja lentokoneen osia , työkaluja, ruohonleikkuri kotelot ja kilpa polkupyörää . Magnesium on tärkeä myös oikea ravinto ihmisilla . koska se on oleellista asianmukaisen toiminnan useita entsyymejä . Sillä on myöskeskeinen roolimeikkiävihreä klorofyllien läsnä kaikissa vihreä kasvien soluissa .

ALUMINUM
Atomic numero : 13
Kemiallinen merkki : Al
Ryhmä III

Yleensä löytyy luonnossa happeen , alumiini on yleisin metallimaankuoressa . Se on kevyt ja hyvä kapellimestari sähköä . kaksi ominaisuuksia, jotka tekevät siitä ihanteellisen ainesosanamonenlaisia tuotteita . Se on erinomainen heijastin säteilyn ja käytetään erilaisia antenneja , lämpö heijastimet . ja aurinko peilit . Näiden muita ominaisuuksia , alumiini on melko reaktiivista. Se muodostaaoksidikerros , joka estää sen lisäreaktioita ympäristön kanssa niin, että se pidetään yleensä ruostu. Alumiini on myös myrkytön , hajuton ja mauton .

SILICON
Atomic numero : 14
Kemiallinen merkki : Si
Ryhmä IV

Silikoniyhdisteet sidottu kemiallisesti hapen muodostavat suurimman osanmaapallon hiekka , kallio-ja maaperässä . Tänään pii muodostaa perustan mikroelektroniikan alalla. Käyttö piisirujen vuonna painetut piirilevyt on mahdollistanutkutistuu huoneen kokoinen tietokoneet niitä, jotka voivat levätä sylissä . Tärkein piiyhdiste on piidioksidia, joka esiintyy kahdessa muodossa - kvartsi ja piikivi . Pieniä helmiä ja puolijalokivet ovat kiteitä kvartsia värillisiä epäpuhtauksia . Piidioksidia käytetään tuotannossa lasia. Keramiikka ja silikonit ovat muita tärkeitä yhdisteiden luokkia , joka perustuu piin .

FOSFORI
Atomic numero : 15
Kemiallinen merkki : P
Ryhmä VA

Fosfori löysi lääkärin Hennig Brand vuonna 1669 . Hän tislattujäännös keitetty alas virtsasta ja saanut jotain, joka hehkuipimeässä ja leimahti liekkeihin lämpimässä ilmassa . Fosforia ja valon emissio on edelleen sidoksissa ilmiö tunnetaan fosforesenssia . Sinkkisulfidi onfosforoivan materiaali joka antaa pois scintillations valon osuessa nopeasti liikkuvia elektroneja . Tämä vaikutuspäällysteen kuvaputki tuottaaTV kuva . Lähes kaikki fosforia käytetään kaupallisesti on tehdä fosforihappoa . Sen pääasiallinen käyttötarkoitus ontuotannon lannoitteiden ja maaperän ilman fosforia on karu . Yleisesti todettu kahdessa muodossa eli punainen ja keltainen ,entinen käytetään tehdä turvallisuutta otteluissa.

RIKKI
Atomic numero : 16
Kemiallinen merkki : S
Ryhmä VI

Rikki onreaktiivinen ei- metalliset löytyy luonnosta sekä sen ilmaiseksi alkuainetilaan ja muodossa laajalti malmien ja mineraalien . Joitakin yleisiä mineraaleja rikki ovat kipsiä eli kalsiumsulfaatilla ja rikkikiisu usein kutsutaan" tyhmä kulta" . Lisäksi niiden merkitys keinotekoisten lannoitteiden , ruoan säilyttämiseen , valkaisu tekstiilit ja metallien puhdistusta , Rikkiyhdisteitä on satoja muita käyttötarkoituksia metallien talteenottoon malmien , joten kumia , pesuaineet , maalit ja väriaineet ja synteettiset kuidut .

Itsekansakunnan teollisen kehityksen taso määräytyy sen kulutus asukasta kohti
Sulphur .

KLOORIN
Atomic numero : 17
Kemiallinen merkki : Cl
Ryhmä VII-Halogens

Kloori onmyrkyllistä keilertävän vihreä diatomic kaasua . Hengittämästä jopapieni määrä
voi aiheuttaa vakavan keuhkovaurion . Myrkyllisyys kloori tekee siitä erinomaisen
desinfiointiainetta uima-altaat ja vesihuolto. Tärkeä yhdiste klooria on kloorivety , kaasu.
joka liukenee veteen tuottaa suolahappoa . Suolahappoa on läsnä mahanesteen mahan ,
missä sitä tarvitaan aktivoimaan proteiini sulattamaan entsyymejä . Suuria määriä
klooria on käytetty tuottamaan hyönteismyrkkyjä. Monet ovat olleet viime aikoina
kielletty , koska ne pidetään ympäristön epäpuhtauksia .

ARGON
Atomic numero : 18
Kemiallinen merkki : Ar
Ryhmä VIII-Noble Kaasut

Vuonna 1894 , argon tuli ensimmäinen jalokaasu löytäjäänsä . Sen kaupallisia
sovelluksia hyödyntää sen puute reaktiivisuus . Argon onhajoamistuotetärkeä radio -
isotooppia käytetään dating kivilajinäytteet , kalium - 40.The tekniikka on nimeltään
kalium - argon dating . Kalium onepätavallisen pitkä puoliintumisaika 1250000000 vuosi
ja on läsnä monissa kivia . Kun kalium 40 hajoaa , se muuntuu argon . Näin voidaan
määrittääiänkiven määrittää, kuinka paljon argon on läsnä . Vanhin kivia maan päällä on
määritetty tällä menetelmällä 3,8 miljardia vuotta vanha .

POTASSIUM
Atomic numero : 19
Kemiallinen merkki : K
Ryhmä IAalkalimetallien

Kalium on erittäin reaktiivinen näin ei koskaan löydetty sen vapaassa tilassa luonnossa .
Se löytyy meri - vesi , vaikkakin pienempiä määriä kuin natriumia , sen kemialliseen
vastineeseen . Kalium on välttämätön kasvien kasvua niin paljon kalium liuennut
mineraaleja on tarttunut kasveja ennenmerelle . Luonnossa esiintyvä isotooppi kalium
on potssium - 40.Human elimistö sisältää 140 grammaa kaliumia . Koskarunsaasti
kaliumia 40 on 0,012 prosenttia , olemme kaikki osittain koostuu tämän reaktiivisen
isotooppia . Se onmerkittävä tekijä meidän elinaikanamme säteilyannoksen

KALSIUM
Atomic numero : 20
Kemiallinen merkki : Ca
Ryhmä II-alkalimetallit

Kalsium on tärkeä ainesosa monenlaisia eläviä organismeja. Ihmisen hampaat ja luut sisältävät kalsiumia ja meren elimet rakentaa kuoret kalsiumkarbonaattia . Kalkki, yhdiste, kalsium on tärkeä teollinen kemikaali. Sen ensimmäisiin käyttötarkoituksia oli teatraalinen valaistus . Kun kalkkia kuumennetaankorkeassa lämpötilassa, se antaa poisintensiivistä sinertävän valkoista valoa . Sitä käytettiin alussa 19th century valaisemaan toimijoiden synnyttäälause " parrasvaloissa . " Ehkä tärkein moderni kalkin käyttö ontuotanto-, rauta malmeistaan .

skandium
Atomic numero : 21
Kemiallinen merkki : Sc
Ryhmä III B Ensimmäinen rivi siirtymäalkuaineen

Skandium johtaaensimmäisen rivin siirtymä elementtejä . Kaikki ovat melko reagoi metallien ja monet ovat erittäin vaarallisia . Skandium onerittäin kevyt metallimelko korkea sulamispiste ja osoittaa hyvä kestävyys korroosiota . Nämä ominaisuudet ovat tehneet siitä hyvin kiinnostunutilmailuteollisuuden rakentamiseenilma . Skandium muodostaa muutamia hyödyllisiä yhdisteitä . Metalli itse on jonkin verran käytetty elektronisia laitteita, kuten korkean intensiteetin lamput , jotka tuottavat valoaväriarvo lähellä , että luonnonvaloa . Lamput Tällaisia käytetään usein valaisemaan jalkapallostadioneilta .

TITANIUM
Atomic numero : 22
Kemiallinen merkki : Ti
Ryhmä IV B Ensimmäinen rivi siirtyminen Element

Titanium puhtaassa tilassa onmetalli, joka on helppo työstää ja melko sitkeä tai voidaan vetää lanka. Kevyt mutta se on poikkeuksellisen vahva ja lähes immuuni tavallista erilaisia metallin väsyminen . Se on myössatunnaisia korroosionkestävyys niin, että se on jokaisen kiinteistön tarvitaan, jotta seihanteellinen materiaali suihkumoottorit ja raketteja . Tärkein yhdiste on titaanidioksidi ainetta, jolla on voimakas kirkas valkoinen väri, jota käytetään pigmenttiä maalit , paperin ja muovin .

VANADIUM
Atomic numero : 23
Kemiallinen merkki : V
Ryhmä VB Ensimmäinen rivi siirtymäalkuaineen

Vanadiini onkirkas kiiltävä metalli, joka on melko pehmeä ja erittäin korroosiota . Meksikon professori mineralogy eli Andres Manuel del Rio löysi vanadiini vuonna 1801 . Se oli myöhemmin nimettySkandinavian jumalattaren Vanadis koska sen monet kauniisti värillisiä yhdisteitä . Noin 80%vanadiinia Yhdysvalloissa tuottamia menee teräksen valmistuksessa .

KROM
Atonic numero : 24
Kemiallinen merkki : Kr
Ryhmä VI B Ensimmäinen rivi siirtymäalkuaineen

Kromi nimettiin kreikan sanasta " chroma " tarkoittaa väriä . Kaunis väri monet jalokivet - punainen rubiineja ,ominaisuus vihreäsmaragdeja - johtuu ensisijaisesti esiintyville kromin määrä . Metalli on yleensä uutetaan kromiittia ,kromin oksidi , joka on sen tärkein malmia . Joutuessaan kosketuksiin ilman kanssa , kromi muodostaanäkymätön oksidi joka tekee sen erittäin korroosiota ja erittäin hyödyllinen sekäkoriste ja suojaava pinnoite yli muiden metallien, kuten messinki, pronssi ja teräs . Kromi on myös käytetty tuottamaan ruostumatonta terästä

MANGAANI
Atomic numero : 25
Kemiallinen merkki : Mn
Ryhmä VII B Ensimmäinen rivi siirtymäalkuaineen

Mangaani onkova harmaa - valkoinen metalli , joka näyttää ja on monia samankaltaisia ominaisuuksia rautaa . Lisääminen mangaani teräs tekee on poikkeuksellisen kova ja kestävä sokki . Tällainen teräs sopii käytettäväksi kiväärin piipulla , pankkiholvit , junaraiteet ja maansiirtokoneiden . Mangaani lisää myös kovuus, lujuus ja korroosionkestävyys seoksia alumiinia ja magnesiumia . Yhdiste Kaliumpermanganaatin onvioletin värin , joka on joskus nähty antiikki lasi . Vaikka lasi valmistajat enää käytä mangaani , sen kyky väri esineet on kirkastaa keramiikka ja keramiikka .

IRON
Atomic numero : 26
Kemiallinen merkki : Fe
Ryhmä VIII B Ensimmäinen rivi siirtymäalkuaineen

Rauta on todennäköisesti yleisin metalli ihmisen yhteiskunnassa . Olipa ruuvimeisselillä tai ratsastusautossa tai junassa ,tärkeä ja hyödyllinen rautaarakennusaineiden on itsestään selvä . Sisätilojenmaa tunnetaan ydin on valmistettu sulaa rautaa . Kyky tarkentaametallin toiminutmerkittävä virstanpylväs inhimillisen kehityksen tunnetaanrautakaudella (1000 eKr.) . Sen löytö johtaa työkaluja ja aseita . jotka olivat

kovempi ja kestävämpi kuin pronssikaudella . Nykyään yli 90 % kaikista metallien
jalostettuna on rautaa .

KOBOLTTI
Atomic numero : 27
Kemiallinen merkki : Co
Ryhmä VIII B Ensimmäinen rivi siirtymäalkuaineen

Merkittävä malmi kobolttia on cobaltite . Puhdasta metallia saadaan paahtamalla tämän
malmin . Nimi koboltti tulee saksan " kobold ", joka viittaapaha henki . Kaivostyöläisten
usein sanonut, että onnettomuuksienmielessä johtuivat " Kobold . Koboltti lisätään
teräksen parantaa sen korroosionkestävyys . Kun koboltti on sekoitettu volframia ja
kuparia , se muodostaa Stellite ,metalli, joka säilyttää kovuus korkeissa lämpötiloissa
joten se sopii nopea porat ja leikkaus välineitä . Kuten rautaa koboltti helposti
magnetoitu . Voimakas magneettinen aine tunnetaan Alnico onmetalliseos kobolttia ,
alumiinia ja nikkeliä.

Nickel
Atomic numero : 28
Kemiallinen merkki : Ni
Ryhmä VIII B Ensimmäinen rivi siirtymäalkuaineen

Nikkeli on usein lisätään muiden metallien, kuten raudan ja teräksen muodostaa
seoksia säilyvyyttä . Nichromemetallia käytetään tekemäänlämmitysvastuksille
leivänpaahdinten ja uunit on metalliseos kromi ja nikkeli . Korkea sähkövastus
nikromikerroksen yhdistettynä sen korkea sulamispiste tekee siitä erittäin tehokas
materiaalien muuntaa sähköä lämmöksi . Tärkeä käyttömetalli on nikkeli - kadmium-
paristoja . Tämä akku on ladattava mikä tekee siitä erityisen käyttökelpoinen laskimia ,
tietokoneita ja langattomia parranajokoneet .

KUPARI
Atomic numero : 29
Kemiallinen merkki : Cu
Ryhmä IB Ensimmäinen rivi siirtymäalkuaineen

Tuttu vedenkäyttö onputket , jotka kuljettavatvettä keittiöön . Koska kupari on yksi
parhaista johda sähköä , kuparilankoja käytetään laajasti siirretään sähköenergiaa
voimalaitoksissa kodeissa , toimistoissa, tehtaissa ja muut rakennukset ja pistorasiasta
sähkölaitteisiin . Kupari oli aikoinaan tekemään painikkeet yhtenäinen takit poliiseja
sitenpuhekielen " kuparin " poliisille . Messinki ,kuparin ja sinkin onmonenlaisia
käyttötarkoituksia laitteistosta sinkkiä.

SINKKI
Atomic numero : 30
Kemiallinen merkki : Zn
Ryhma I B Ensimmäinen rivi siirtymaalkuaineen

Sen puhtaassa tilassa , sinkki onkova , hauras , hopeanhohtoinen metalli . Se on
suhteellisen korroosiota kestäviä ja nopeasti muodostaa kovan oksidipeitteen estää sitä
reagoimasta edelleen ilman kanssa . Tässä prosessissa kutsutaan galvanointi ,kerros
sinkki kerrostuu teräksen korroosion estämiseksi . Metalli on monia muita
käyttötarkoituksia . Yksi tärkeimmistä onyhteinen kuiva solu akku . Vuodesta 1981
sinkki on toiminutChief metalli Yhdysvalloissa penniäkään . Sinkki on myös yhdistetty
kupari muodostavat messinki .

gallium
Atomic numero : 31
Kemiallinen merkki : Ga
Ryhma IIIPost Siirtymämetalli

Gallium onerittäin pehmeä metalli , jolla on hyvin alhainen sulamispiste jaerittäin korkea
kiehumispiste 2403 Celsius-asteen . Lämpötila , jossa gallium on neste onsuurin
kaikista tunnetuista metallia . Tämä tekee hyödyllistä erityisen suurta lämpömittarit .
Viime aikoihin asti muutamia käytännön sovelluksia gallium olivat tiedossa . Tämä
muuttui nopeasti siihen havaintoon, että galliumarsenidilaser, voisi toimialaser- diodi ja
muuntaa sähköä suoraan laservaloa . Valodiodit käytetäänerilaisia kelloja ja AUTODISC
pelaajia .

GERMANIUM
Atomic numero : 32
Kemiallinen merkki : Ge
Ryhma IVmetalloidi

Germanium on suhteellisen harvinainen tummanharmaa kiinteä elementti . Se ei
koskaan löydetty puhtaassa muodossa luonnossa , mutta yhdistettynä happea .
Germanium kutsutaanpuolijohteiden . Lisäksi on pieni määrä epäpuhtauksia
huomattavasti sen kykyä sähköä . " Doped " germanium on käytetty tehdä transistoreita ,
jotka ovat ytimessäsolid state elektroniikkateollisuudelle. Kanssa doping kymmeniä
tuhansia transistorit voidaan nyt muodostettupieni germanium siru , joka itse asiassa
tulee pieni tietokone . Tällaisia materiaaleja ovat mahdollistaneetvallankumouksen
elektroniikka pienentämisen .

arseeni
Atomic numero : 33
Kemiallinen merkki : As

Ryhmä VA metalloidi

Arseeni on hauras , kiteinen kiinteä aine huoneenlämpötilassa . Muodossa arseenioksidia se on hyvin tunnettu myrkky . Sitä käytetäänrikkakasvien tappaja ja hyönteisten . Arseeni myrkyn on mielikuvituksen monetrikoskirjailija . Ennen viime aikoina kehitys oikeuslääketieteen tekniikoita , oli mahdotonta havaitauhrin ruumiin . Vaikkamyrkkyä , arseeni yhdisteitä on käytetty lääkinnällisiin tarkoituksiin kuin hyvin ,tunnetuin hyvinvoinnin '606 ' kaavailemat Paul Ehrlich paranna syfilis .

SELENIUM
Atomic numero : 34
Kemiallinen merkki : Se
Ryhmä VImetalloidi

Seleeni mineraaleista ovat liian vähäiset louhitaan kannattavasti . Koska metalloidi löytyyyhtiön kuparin ja rikki , lähes kaikki seleeniä saadaan talteenhei - tuote kuparia Puhdistus jarikkihapon valmistuksen . Seleeni esiintyy kahdessa muodossa - punainen ja harmaa . Gray seleeni onvalojohde tarkoittaa , että vaikkahuono kapellimestari sähköä Tavallisesti se tulee ja erinomainen kapellimestarina valon läsnäollessa . Tämä tekee seleeni arvokasvaloisuuden tunnistin robotiikan ja valomittareita .

BROMI
Atomic numero : 35
Kemiallinen merkki : Br
Ryhmä VIIHalogens

Bromi onpunertava nestekitkerää hajua . Sen nimi on johdettu kreikan bromos tarkoittaa löyhkää. Bromia löytyy merivedessä , maanalaisissa suolakaivoksissa , ja syvä suolavesikaivoissa . Pääasiallinen käyttötarkoitus bromia on tuottaabensiinin lisäainetta nimeltä etyleenidibromidia . Tämä yhdiste poistaajohtoon lisäaineita jälkeenBensiinin poltosta muodostumisen estämiseksi lyijyä talletuksia . Bromi on erittäin myrkyllistä ja polttaaihoa . Lisäksi sen haitalliset höyryt voivat vahingoittaa nenän ja kurkun .

KRYPTON
Atomic numero : 36
Kemiallinen merkki : Kr
Ryhmä VIIINoble Kaasut

Vuonna 1933 Linus Pauling haastoiajatus, ettäjalokaasut olivat kemiallisesti inertti . Olemassaoloyhdisteen hän ennusti krypton ja fluori vahvistettiin vuonna 1966 . Krypton onhajuton , mauton , väritön täysin vaaraton kaasu . Sen tärkein käyttö on " neon " valot, jotka ovatosa moderdnia maisemaa . Kun suljettulasiputki ja altistetaan sähköinen purkaus , krypton tuottaavaalean violettia väriä käytetään lentokentän kiitoradalle ja lähestymistapa valot . Krypton käytetään myös sekoitettu xenon korkean intensiteetin lyhyen altistumisen valokuvaus salamavalot tai vilkkuvia valoja .

rubidium
Atomic numero : 37
Kemiallinen merkki : Rb
Ryhmä IAalkalimetallien

Rubidium onhopeinen , erittäin pehmeä erittäin reaktiivisia metallia , joka palaa spontaanisti joutuessaan kosketuksiin ilman kanssa . Se myös reagoi kiivaasti veden kanssa antaa ulos suuria määriä vetyä välittömästi purskahtaa liekkeihin , koskalämpöäreaktion . Rubidium on aivan liian reaktiivinen olemasta puhdasta metallia luonnossa ja muutaman rubidiumin mineraaleista ovat tiedossa . Rubidium on vähän kaupallista arvoa . Metalli löydettiin vuonna 1861 Saksan kemistit Robert Bunsen ja Gustav Kirchoff . He tunnistivat sen spektriviivoja epäpuhtautena monien alkalimetallien he tutkivat .

STRONTIUM
Atomic numero : 38
Kemiallinen merkki : Sr
IIAmaa-alkalimetallien

Strontium on vähän kaupallista käyttöä ja sen yhdisteet ovat löytäneet vain vähän soveltaminen teollisuudessa . Koska strontiumsuolojen kuten strontiumkarbonaatin päästävätominainen punainen väri , kun ne palavat , niitä käytetään maantiellä varoitus soihdut ja ilotulitteet . Yksiisotooppeja strontium . Sr - 90 onradioaktiivista sivutuotteena ydinräjäytysten ja voivat saastuttaa laajoja alueita ympäristön laskeuma ilmakehästä . Koska strontium 90 tuotetaan aina uraanin fissiossa operaattorit ydinreaktorien on oltava jatkuvasti varuillaan , jotta se ei vahingossa levittämisestä ympäristöön .

yttrium
Atomic numero : 39
Kemiallinen merkki : Y
Ryhmä III B siirtymäalkuaineen

Yttrium esiintyy pieninä määrinämaankuoren muttakiviä toi takaisinMoon oliodottamattoman korkea yttrium sisältöä . Kun niiden lämpötila lasketaan vain muutaman asteen absoluuttisen nollapisteen yläpuolella , lähes kaikki metallit osoittavat sähkövastus lainkaan. Poikkeuksellisen alhainen lämpötila ovat epäkäytännöllisiä kuitenkin . Vuonna 1987 tutkijat ilmoittilöytöyhdiste yttriumin , kuparin ja bariumoksidia oli suprajohtava 93 astetta Kelvin . Muut seokset Tämän elementin tutkitaan ja siellä on optimismia , että yksi heistä olisi osoittautuakäytännössä korkean lämpötilan suprajohde .

ZIRCONIUM
Atomic numero : 40
Kemiallinen merkki : Zr
Ryhmä IV B siirtymäalkuaineen

Zirkonium onvahva , kestävä metallirunko . Sen kyky kestää korkeita lämpötiloja tekee siitä ihanteellisen ainesosa lämpöä kestävistä aineista avaruusaluksen . Tunnetuin yhdiste zirkonium onmetallia zirkoni . Sitä on tunnettu antiikin ajoista lähtien ja jopa tarkoitettujenRaamatussa . Löytyyerilaisia värejä , kunkristalli on leikattu ja kiillotettu sitä pidetäänpuolijalokivistä helmi . Zircon onerittäin korkea taitekerroin . Tämän vuoksi sen värittömät kiteet ovatepätavallisia kirkkaimmillaan ja joskus korvikkeena timantteja .

niobium
Atomic numero : 41
Kemiallinen merkki : Nb
Ryhmä VB siirtymäalkuaineen

Metalli niobiumista on ollut tärkeä roolihistoriassa korkean lämpötilan suprajohtavuus . Metalliseos , joka koostuu niobiumin ja germanium onkykyä kestää suuria virtoja salliirakentamisen suprajohdemagneetit tällaisia välineitä kuin ydinmagneettinen resonanssi skannereita käytetään diagnostiikkaan lääketieteessä . Niobium lisätään teräksen erityisiin tarkoituksiin . Korkeissa lämpötiloissaväliset rajatpienet jyvät , jotka muodostavat ruostumattomasta teräksestä heikentää ja syövyttävät helpommin kuin muuallaterästä . Lisäksi niobiumia estää tämän mahdollistaa teräs kestää paljon korkeampia lämpötiloja äärimmäistä rasitusta .

MOLYBDENUM
Atomic numero : 42
Kemiallinen merkki : Mb
Ryhmä VI B siirtymäalkuaineen

Molybdeeni onkova hopeanhohtoinen metalli . Melko suuria talletuksia molybdeniitin löytyy Coloradossa , Yhdysvalloissa . Terästä, jossa molybdeeni sopii hyvin lentokoneiden ja auton moottorin osat . Se pystyy kestämään lämpötilan ja paineen muutoksia jatkuvasti tapahtuumoottorin . Samasta syystä sitä käytetään valmistuksessa aseita ja tykkejä . Yksiradioaktiivisia isotooppeja , molybdeeni - 99 käytetään sairaaloissa tuottaa teknetium - 99 , joka on erittäin hyödyllistä ottaa kuvia sisäelinten jälkeen sisäisesti .
Google Translate for Business:Translator ToolkitWebsite TranslatorGlobal Market Finder
Turn off instant translationAbout Google TranslateMobilePrivacyHelpSend feedback

Technetium
Atomic numero : 43
Kemiallinen merkki : Tc
Ryhmä VII B siirtymäalkuaineen

Technetium oliensimmäinen elementti on tuotettu laboratoriossa toisesta element.Logically se on saanut nimensäkreikan teknetos tarkoittaa keinotekoista . Jokainen isotooppi on radioaktiivista ja se hajoaa , jolloin muodostuuisotooppieri osa . Tänään ydinreaktorit tuottavat yksi hyödyllinen isotooppeja teknetium , teknetium - 99m . Kun sitä ruiskutetaansuonetpotilaan ,isotooppi keskittyy tiettyihin kehon elinten ja sen radioaktiivisuus paljastaavalokuvaus levy paljastaa , miten nämä elimet toimivat .

rutenium
Atomic numero : 44
Kemiallinen merkki : Ru
Ryhma VIII B siirtymäalkuaineen

Rutenium onharvinainen alkuaine , joka on yleensä talteensivutuotteenaPuhdistus platinaa malmien . Pääasiassa rutenium käytetään katalyyttinä teollisissa prosesseissa . Sitä on käytetty katalyyttinä saamiseksi vety- kaasua suoraan jakamalla vesimolekyylit eikä electrolysis.Rutheniumis käytetään myös korujen liiketoiminnankarkaisu lisäaineena platina , ja se on usein lisätty titaani parantaa sen korroosionkestavyys . Muut seokset ruteenin käytetään mustekynä pistettä ja erityinen sähkökoskettimet .

RHODIUM
Atomic numero : 45
Kemiallinen merkki : Rh
Ryhma VIII B siirtymäalkuaineen

Rodium onharvinainen , erittäin kova hopeanharmaa metalli . Sen löysi William Wollaston vuonna 1803 . Hän nimesi senkreikan sanasta rhodon ruusun , koska monetsuolat ovat ruusun väri . Sitä käytetäänkatalysaattorin autoja. Pakokaasut ovatmerkittävä lähde ilmansaasteita. Katalyyttinen muunnin on täynnä pieniä katalyyttinen helmiä sisältävät platinaa , palladiumia ja rodium joka muuntaa kuumia pakokaasuja, jotka kulkevat ne vaarattomiksi tuotteita .

PALLADIUM
Atomic numero : 46
Kemiallinen merkki : Pd
Ryhmä VIII B siirtymäalkuaineen

Palladium onpehmeä hopeanhohtoinen valkoinen metalli , joka muistuttaa platinaa . Se on erittäin muokattaviksi ja sitkeää . Mielenkiintoinen käyttö palladiumin syntyi , kun se oli serendipitously määritettiin, että se oli käyttökelpoinen hoidettaessa syöpiä estämällä solun jakautumisen , ja se oli suhteellisen vapaa sivuvaikutuksista . Jossapuoliintumisaika on vain 17 päivää,palladium103 isotooppi voidaan toimittaa tehokkaita annoksia säteilyä tuhota syövän ja katoavat sen jälkeenhieman yli kuukausi .

SILVER
Atomic numero : 47
Kemiallinen merkki : Ag
Ryhmä IB Transition Element (kolikot Metal)

Silver on yksi harvoista metalleista löytyy vapaassa tilassa luonnossa ja sen tunnusta Ag tulee latinan sanasta Argentum joka tarkoittaa hopeaa. Se on ollutrahajärjestelmä metallia vuodesta Raamatun aikoina ehkä jopa aikaisemmin . Kaikki metallit , hopea onparas kapellimestari lämmön ja sähkön . Se ei yleensä käytetään kodin johdotuksen takia kuluksi, mutta laajalti käytettyvalmistuksessa laadukkaita sähköisiä laitteita .

KADMIUM
Atomic numero : 48
Kemiallinen merkki : Cd
Ryhmä II B siirtymäalkuaineen

Kadmium on läsnä niin suuria määriä sinkkimalmit , että se on yleisesti pidetään sivutuotteena sinkin jalostus . Suuret käyttö metalli on elektrolyyttistä terästä , jotta se ei korroosiota . Sitä käytetään harvemmin kuin sinkki , koska se on vähemmän runsas , ja on taipumus aiheuttaa terveysongelmia . Kyky kadmiumin imeä neutroneja on suuri merkitys suunnittelussa ydinreaktorin säätösauvat . Kadmium on myös käytettypunainen ja keltainen pigmentti tehdä maali .

indium
Atomic numero : 49
Kemiallinen merkki : In
Ryhmä IIIPost siirtymämetallikompleksin

Indium onharvinainen sinertävä valkoinen metalli pehmeä tarpeeksi jättää jälkiä itsestään, kun voimakkaasti hierotaan vastaan muita metalleja . Pure indium on muutamia kaupallisia sovelluksia ja sitä käytetään pääasiassametalliseos muita metalleja. Alloys indium ja hopeaa ja indium ja lyijy ovat parempia johtimet kuin hopea tai johtaa yksin. He ovat löytäneet myös käyttötarkoituksia valmistuksessa transistorit ja kuva soluja . Indium kalvot ovat usein työnnetään ydinreaktoreiden hallitaydinreaktiota .

Nopeus, jolla nämä kalvot tulevat radioaktiivisen toimii arvokkaana mittaustapahtuvia reaktioita .

TIN
Atomic numero : 50
Kemiallinen merkki : Sn
Ryhmä IVPost Siirtymämetalli

Tina oli ensimmäisiä käyttämiä metalleja ihmisen. Pronssi,kuparin ja tinan käytettiin Egyptissä yli 5000 vuotta sitten . Nykyään sitä käytetään pääasiassaseostusaineena ja tehda pelti , joka on liittolaattoja peittää ohut kerros tinaa . Koska tina suojaa terästä elintarvikehapot , pelti käytettiin tekemään tölkit ruokaa , mutta on nyt suurelta osin korvattu muovia ja alumiinia . Se on yksi taottava metallit tiedossa .

ANTIMONY
Atomic numero : 51
Kemiallinen merkki : Sb
Ryhmä VA metalloidi

Antimoni onkova , hauras , kiteistä , harmahtava , kiinteä . Vaikka tunnetaanmetalli , se onerittäin huono johtimen sähköä. Malmin , joka toimiiensisijaisena lähteenä onmineraali Stibnite . Musta yhdiste , sitä käytettiin muinoin tummentaa naisten kulmakarvat . Suuri käyttöantimoni on yhteinen turvallisuus -ottelussa . Johtajatulitikku sisältää sekä antimoni trisulfide jahapettava aine, kuten kaliumkloraattia . Antimonia on muutamia muita kaupalliseen käyttöön . Seoksena se voi lisätä kovuutta monia metalleja .

telluuria
Atomic numero : 52
Kemiallinen merkki : Te
Ryhmä VImetalloidi

Tellurium onharvinainen hopeanhohtoinen valkoinen metalloidi . Toisin kuin tyypillinen metalleja , se on hauras jahuono kapellimestari sähköä. Telluuri on yksi harvoista elementtejä, jotka yhdistyvät kullalla. Yhdisteet se lomakkeet kutsutaan kultaa tellurides ja he muodostavaterittäin tärkeä osa kultaa malmit . Telluuri on usein talteen, jonka tuotteen jalostamista kultaa ja kuparia. Tärkein käyttö telluurin on lisäaineena esimerkiksi metalleja , kuten kuparia ja ruostumatonta terästä luoda metalliseos, joka on helpompaa työstää kuin alkuperäinen metalli

IODINE
Atomic numero : 53
Kemiallinen merkki : I

Ryhmä VIIAHalogens

Jodi onvioletti musta kiintoaine löytyy merilevät , suolavesikaivoissa ja meressä . Vaikkamyrkky, yksi sen tavallisimmista käyttötarkoituksiin on antiseptinen liuos tinktuura jodin . Jodisuoloja lisätään ruokasuolan ja eläinten rehuksi. Tämä tehdään jodi ontärkeä ainesosatyroksiinin erittämä kilpirauhasen ja auttaa varmistamaan, ettärauhanen toimii kunnolla. Hopeajodidi on kyky muodostaa valtavan määrän kiteitä , jopa miljoona miljardi yhdestä gram- , jotka toimivat ytiminä sadepisara muodostumista .

XENON
Atomi numero ; 54
Kemiallinen merkki : Xe
Ryhmä VIIINoble Kaasut

Xenon esiintyy ilmakehässä vain pieniä määriä . Kuin muut jalokaasut se on olemassa yksiatomista molekyyli, joka ei ole väriä hajua tai makua . Vuonna 1962 Neil BartlettEnglanti kemisti teki ensimmäisen jalokaasu yhdiste. Hän yhdisti xenon ja platina heksafluoridi ja paljon hänen hämmästyksekseen saatukiinteä , kelta- oranssi yhdiste, joka koostui molekyylejä xenon , platinim ja fluoria . Tähän mennessä xenon ja krypton ovatvain jalokaasut tiedetään muodostavan yhdisteitä . Kuten muutkin jalokaasut , ksenon käytetään sähkö purkausputket valon tuottamiseen .

CESIUM
Atomic numero : 55
Kemiallinen merkki : Cs
Ryhmä IAalkalimetallien

Pure cesium onpehmein metalli tiedossa . Sen äärimmäinen reaktiivisuus on tehnyt sen tarpeelliseksi poistaa ei-toivotut kaasut tyhjöjärjestelmät esimerkiksi sisälläkuvaputki . Isotoopin cesium - 133 toimiimaailman virallinen mitta aikaa . Toinen on mitataansäteilyn cesium 133-atomin kun se viritetäänulkoisen energialähteen sijasta kannaltamaapallon kiertoauringon se käytti olla . Toinen on kuvattukulunut aika tarkalleen 9192531770 värähtelyjen säteilyn caesuim - 133-atomin .

BARIUMIN
Atomic numero : 56
Kemiallinen merkki : Ba
IIAmaa-alkalimetallien

Muodossa liukoisen suolan , barium on melko myrkyllinen . Toisaalta vuonna liukenemattomia muotoja se on vaaratontaihmisen elimistöön. Radiologists käyttää bariumsulfaatti tutkiapotilaan suoliston kanssa Xrays.Barium sulfaatti on myös useita muita käyttötarkoituksia perustuu sen huono vesiliukoisuus ja valkoinen väri . Sitä käytetäänvalkaisuainetta valokuvausalan levyt ja täyteaineena kirjallisesti paperi-, muovi -ja tekokuituja . Barium metalli on muutamia kaupallisia sovelluksia , koska sen valmius reagoida hapen ja kosteuden .

lantaani
Atomic numero : 57
Kemiallinen merkki : La
Ryhmä III B Rare Earth Element (Lantanidit)

Lantaania on ensimmäinenharvinaisten maametallien sarjan . On tavallista löytää monia harvinaisia elementtejä sekoitetaan yhteen mineraali . Luultavastitärkein käyttötarkoitus lantanidiyhdisteiden yhdisteiden on luomassaelektrodienkorkean intensiteetin hiiltä kaarilamppu käytetään valonheittimet , studio valaistus ja elokuva projektorit . Lantaani ja sen isotooppien löytyyfragmentit , jotka on tuotettu , kun uraani halkeamisten . Se olilöytö Lantaanin isotooppien samoin kuin bariumin saksalainen kemisti Otto Hahn , joka lopulta johtaaajatukseen ydinfission .

cerium
Atomic numero : 58
Kemiallinen merkki : Ce
Ryhmä III B harvinaisten maametallien (Lantanidit)

Ceriumin nimettiinasteroidi Ceres , jonka löytyminen vuonna 1801 aiheutti suurta jännitystä tiedemaailmassa . Puhdasta metallirahana Ceriumin ollut valmis vasta 1875 . Se onrautaa harmaa metalli , joka on varsin Joustavuus ja muokattavuus . Ceriumyhdisteet kaltaisia lantaa käytetään kaupallisesti muodostamaan elektrodienkorkean intensiteetin hiiltä kaarilamppu . Kutenoksidi ceriumia käytetäänlisaaineenaseinät itsepuhdistuva uunit , kun näyttää siltä estääkertyminen ruoanlaitto jäämiä .

praseodymium
Atomic numero : 59
Kemiallinen merkki : Pr
Ryhmä III B harvinaisten maametallien (Lantanidit)

Sen löysi Carl Auer von Welsbach ,Itävallan paroni , joka olikiinnostunut mineralogian . Puhdasta metallia eristetään sen malmien ioninvaihdolla . Vaihtoprosessilla käytetään eristämään yhdenlaisen ionin korvaamalla sen toisella . Yhdessä tällaisessa prosessissa aktiivinen ainesosa on hartsi , joka muodostuu suuria molekyylejä , joilla on verkkomainen rakenne . Hartsi sisältää mobiili -ioneja löyhästi yhteydessä verkkoon . Kun liuos. joka sisältäämuita ioneja johdetaan hartsin läpi , ne korvaavat mobiili -ionit , jotka sitten diffundoitua ulos verkosta .

NEODYMIUM
Atomic numero : 60
Kemiallinen merkki : Nd
Ryhmä IIIharvinaisia maametalleja (Lantanidit)

Se onmagneettinen aine, jota käytetään luomaan joitakintehokkain magneetit
maailmassa . Supermagneetteja tunnetaan NIB magneetteja , koska ne sisältävät
rautaa ja booria well.they ovat niin vahvoja , että kaksi pientä magneettia painamalla
joko puoli yhden käden putoamatta . Nd magneetti vain puoli tuumaa halkaisija on
tarpeeksi vahva vastaamaan magneettisia materiaaleja painomuste käytetään paperin
rahaa ja voidaan käyttää havaitsemaan väärennettyjä . Sitä käytetään myös nousi
värillisten lasien !

prometium
Atomic numero : 61
Kemiallinen merkki : Pm
Ryhmä III B harvinaisten maametallien (Lantanidit)

Jälkeäkään prometium on löydettymaankuoren mutta se on tunnistettukirjo useita
tähtiäAndromedan galaksi . Se on synteettinen harvinainen alkuaine tehtyydinalan
kiihdyttimet ja ydinreaktorit . Kun neodyymi kohdistuuvoimakas neutronisäteilylle
läsnäreaktorissa , se muunnetaan prometium . 28 isotoopitelementti on tähän
mennessä on syntetisoitu kaikki radioaktiiviseksi . Hyvin vähän tiedetäänkemialliset ja
fysikaaliset ominaisuudet puhdasta prometium .

SAMARIUM
Atomic numero : 62
Kemiallinen merkki ; Sm
Ryhmä III B Rare Earth Element (Lantanidit)

Pääasiallinen malmit Samarium ovat bastnasite ja monazite . Monatsiitista malmit
sisältävät usein jopa 50 % niiden painot harvinaisia maametalleja löytyy joen hiekka
Intiassa ja Brasiliassa ja Floridassa ranta sand.In sen puhtaassa muodossa samariumin
onhopeanhohtoinen valkoinen kiilto ja on melko kestää hyvin hapettumista . Metalli
kuitenkin syttyä itsestään alhaisissa lämpötiloissa . Jotkut yhdisteet elementin käytetään
valmistaa kestomagneetit . Samariumoksidia on erinomainen absorboija, infrapuna-
säteily ja lisätään tätä tarkoitusta varten erilaisia lasi -ja infrapuna- herkkä fosforia.

europium
Atomic numero : 63
Kemiallinen merkki ; Eu
Ryhmä III B Rare Earth Element (Lantanidit)

Europium on yksiharvinaisintaharvinaisten maametallien . Vuonna 1901 ranskalainen kemisti Eugene - Anatole Demarcay eristettiin lopuksiepäpuhtautenaSamarium-gadoliniumin näyte hän opiskeli ja tunnistaaepäpuhtaus uutena elementtinä . Pure europiumin on melko pehmeä ja hopeanvalkoinen . Se on melko joustava ja yksi reaktiivinen , että harvinaisia maametalleja . Europium oksidi varsin yleisesti käytettylisäaine parantaatehokkuutta punaista fosforia television ja tietokoneiden näytöt . Sitä käytetään myös lisätä energiatehokkuutta loistelamput.

gadolinium
Atomic numero : 64
Kemiallinen merkki : Gd
Ryhmä IIIA Rare Earth Element (Lantanidit)

Kaksi isotoopit gadoliniumin ovatvoimakkaimpia absorboivat neutroneita . Vaikka niiden niukkuutta rajoja käyttää , niitä käytetään tekemään säätösauvat ydinreaktorien . On ferromagneettinen siten, että se on hyvin vahvasti puoleensa magneetteja . Kuitenkin sen Curie- pisteen , lämpötila, jossa magneettinen materiaali menettää magnetismin on noin huoneen lämpötila . Se on osoittautunut arvokkaitatekniikka hyvää sisätilojen metallien kutsutaan neutroni radiografia . Sitä käytetäänlentoyhtiöiden ja laivanrakennuksen etsiä piilotettuja puutteita ja rakenteellisia heikkouksia kuoret ja fuselages .

terbium
Atomic numero : 65
Kemiallinen merkki : TB
Ryhmä III B Rare Earth Element (Lantanidit)

Puhtaassa metallisessa muodossa , terbium onhopeanhohtoinen valkoinen , muokattavaksi , sitkeää ja riittävän pehmeitä leikata veitsellä . Se on sukulaisuutta johtaa , mutta se on paljon raskaampaa . Kuten lyijy se on melko korroosiota . Yhdisteiden terbiumoksidi on loisi käyttötarkoituksia erityisissä laserit ja phosphors jotka tuottavatvihreä väri televisiossa putket ja tietokoneiden näytöt . Muita käyttökohteita ovatseosten erityisiä magneettisia ominaisuuksia käytettäväksi CD-levyjen javalmistus teräväpiirto röntgen näytöt .

dysprosium
Atomic numero : 66
Kemiallinen merkki : Dy
Ryhmä III B Rare Earth Element (Lantanidit)

Dysprosium sijoittuu yhdeksänneksi runsaasti joukossaharvinaisten maametallienmaankuoren . Se löydettiin vuonna 1886 ranskalainen kemisti Paul - Emile

Lecoq de Boisbaudran näytteessä erbiumin oksidi . Hän perusti nimensä kreikan sanasta dysprositos joka tarkoittaa vaikea saada aikaa . Pure dysprosium ei ollut saatavilla vasta 1950 jolloin moderni kemiallisilla tekniikoilla , kuten ioninvaihtoon erottaminen kehitettiin . Dysprosium muistuttaa useimpien muiden harvinaisten maametallien . Se on riittävän pehmeää leikataveitsellä , onkiiltävä hopeinen väri ja on suhteellisen vakaa ilmassa .

holmium
Atomic numero : 67
Kemiallinen merkki : Ho
Ryhmä III B Rare Earth Element (Lantanidit)

Vuonna 1878 , kaksi Sveitsin tutkijat huomasivat holmium tunnusomaiset spektriviivoja mutta ei tunnistanut niitä . He kutsuivattuntemattomasta lähteestä spektriviivojen elementti X. Pian tämän jälkeen vuonna 1879 Ruotsin kemisti Per Teodor Cleve eristettävä ja tunnistettavaelementti kun työskennelläänmineraali nimeltään erbia . Pure metallinen holmium jotka eivät olleet aivan viime aikoihin saakka onkirkas hopeinen väri . Se on melko ruostu kuivassa ilmassa , mutta tummuu nopeasti kosteassa ilmassa muodostaenkellertävä oksidi . Muut kuin sen käyttöäväri lasille, sillä on vain vähän kaupallisia sovelluksia.

Erbium
Atomic numero : 68
Kemiallinen merkki : Er
Ryhmä III B Rare Earth Element

Erbiumin löysi Carl Gustaf Mosander keltainen oksidi että hän eristettyminerali ytriumoksidi . Mosander nimettyosaRuotsin kylässä Ytterbynsivuston suurten pitoisuuksien yttriumoksidilla ja erbiumin . Pääasiallisia lähteitä erbiumin ovatmineraaleja ksenotiimin ja euxerite . Erbium sekä muita harvinaisia maametalleja on todella epäpuhtautena näitä malmeja . Kaupallisia sovelluksia erbiumin ovat melko rajalliset . Sen oksideja lisätään usein lasin ja emali lasitteet värittää ne vaaleanpunainen . Lasia käytetään usein aurinkolaseja ja edullisia koruja .

Thulium
Atomic numero : 69
Kemiallinen merkki : TM
Ryhmä IIIB Rare Earth Element (Lantanidit)

Thulium onharvinaisen maametallin , joka on erittäin vähäistä . Sitä esiintyy hyvin pieniä määriäyhtiön muiden harvinaisten maametallien . Ruotsalainen kemisti Per Teodor Cleve löysielementti vuonna 1879 ja nimesi sen Thule ,muinainen nimi Skandinaviassa. Pääasiallinen lähde tulium onmineraali monazite joka koostuu noin seitsemän tuhannesosaa 1%: tulium . Se on muutaman kaupallisten sovellusten lisäksi, että sitä käytetään laserit . Se on kallista, mutta hyvin vähänmetallia on saatavilla kokeiluihin .

Ytterbium
Atomic numero : 70
Kemiallinen merkki : Yb
Ryhmä III B Rare Earth Element (Lantanidit)

Ytterbium , ensimmäinen harvinainen alkuaine löytäjäänsä löytyy vaatimaton runsaastimaankuoren ja aina yrityksen harvinaisten maametallien . Sen löysiranskalainen kemisti Jean de Marignac vuonna 1878 osanamineraali tunnetaan erbia ja nimeltyRuotsin kylässä Ytterby perusteella sen korkeita pitoisuuksia erbiumin . Pure ytterbium metalli ei ollut saatavilla tutkimuksen vuoteen 1953 . Sen kaupallisia sovelluksia ovatseostusaineena ruostumatonta terästä . Tietyt seokset on käytetty myös hammaslääketieteen .

Lutetium
Atomic numero : 71
Kemiallinen merkki : Lu
Ryhmä III B Rare Earth Element (Lantanidit)

Vaikka hän ei koskaan virallisesti julkaistu hänen tuloksia , US kemisti Charles James katsotaan nyt löytäneen lutetium vuonna 1907 . Työskentely aikana1900-luvun alussa yliopistossa New Hampshire , James tulimerkittävä voimatuotanto harvinaisten maametallien . Hän ja hänen oppilaansa käsittelisi tonnia malmia ja työvoiman kautta kiteytymiä tuottaayhden näytteen . Pure lutetium metalli on vaikeaa ja kallista valmistaa . Se on vaikein jaraskain maametalli . Ei kaupallisia sovelluksia on kehitetty .

hafnium
Atomic numero : 72
Kemiallinen merkki : Hf
Ryhmä IV B siirtymäalkuaineen

Hafnium ominaisuudet sekä sen historia on tiiviisti sidoksissa zirkonium . Monet olivat ennustaneetolemassaolon elementin 72 muttaläsnäolo kaikkialla sen kemiallinen hengen häiritsi sen tunnistaminen . Pääasiallinen käyttö hafnium perustuu yhden sen eroja zirkonium . Sen kyky imeä lämpöneutro tekeehyödyllistä materiaalia reaktorin säätösauvat . Tärkeimmät edut hafnium verrattuna muihin sauva materiaaleja on sen vahvuus ja korroosionkestävyys . Valitettavastimelko suuri reaktorinkustannuksia hafnium sauvat voivat olla 1.000.000 dollaria tai enemmän .

tANTAALI

Atomic numero : 73
Kemiallinen merkki : Ta
Ryhmä VB siirtymäalkuaineen

Tantaali onerittäin kova ja erittäin raskas metalli . Sen kemiallinen inertness tekee tantaali kestävät hyvin hyökätä aineita ihmiskehossa . Tämä on johtanut monia sovelluksia hammaslääketieteen ja lääketieteen kirurgian . Tantaali kuten seostusaineena edistää korroosionkestävyys , sitkeys , kovuus ja korkea sulamispiste erilaisia muita metalleja . Vielä yksi merkittävä käyttö tantaali on rakentamisen pieni mutta pippurinen elektrolyyttikondensaattoreihin . Nämä kondensaattorit ovat erityisesti hyödyllisiä pienoiskomponenttien piiri, joka ytimessä tällaisten laitteiden kuten matkapuhelimien ja tietokoneiden .

TUNGSTEN
Atomic numero : 74
Kemiallinen merkki : W
Ryhmän VIB siirtymäalkuaineen

Yksi tärkeimmistä käyttötavoista volframi on valmistuksessa säikeet yhteisen lamppu . Volframi on korkein sulamispiste -3410 ° C ja korkein kiehumispiste 5900 ° C - tahansa metallia . Korkeisiin lämpötiloihin volframia vaihtelevat lämmitysfoliot sähkölämmittimet ja suuttimet rakettimoottorit tilaa ajoneuvoja . Sähkö virtaa kietoutunut lanka volframi tuottaa tarpeeksi lämpöä , jotta lanka valkoinen kuuma . Estämään metallin ylikuumenemisen inerttejä kaasuja, kuten typpi ja argon on suljettu lampun sisältävä volframi hehkulankainen .

renium
Atomic numero : 75
Kemiallinen merkki : Re
Ryhmä VIIB siirtymäalkuaineen

Renium yksi harvinaisinta elementtien löydettiin vuonna platinaa malmien Saksan kemistit Ida Tacke , Walter Nodack ja Otto Carl Berg vuonna 1925 . Se onerittäin tiivis metalli hopeanharmaa kiilto ja sulamispiste ylitti vain volframia ja hiiltä . Tämä on perusta renium : n käytettäväksi yhdessä volframi tehdä lämpöparit mittaamiseksi lämpötiloissa niinkin korkea kuin 2000 ° C. renium on pääasiassa käytetään seostusaineena valmistamiseksi metalleja, jotka ovat kulutusta kestäviä , kuten ne, joita tarvitaan sähkö- kytkimen koskettimet ja elektrodien .

osmium
Atomic numero : 76
Kemiallinen merkki : Os
Ryhmä VIIIB siirtymäalkuaineen

Koska puhdas metalli on vaikea tehdä , osmium on usein valmistettu jauheena, joka muodostetaan sitten kiinteä massa lämmittämällä. Jauhe hapettuu ilmassa ja on hitaasti päästetäänvahva tuoksuinen myrkyllistä kaasua voivat aiheuttaa keuhko-ja ihovaurioita . Päästöt sen myrkyllinen oksidi kaasu tekee käytöstä osmiumia metallia epäkäytännöllinen . Koskaseosaineiden lisäaine mutta se on melko turvallinen ja on pääasiassa käytetään tekemään kovien seosten kanssa näiden metallien kuten platinan ja iridium . Näitä seoksia käytetään sähkö rajakoskettimilla , levysoitin neuloja ja mustekynä vinkkejä

IRIDIUM
Atomic numero : 77
Kemiallinen merkki : Ir
Ryhmä VIII B siirtymäalkuaineen

Iridium onhauras kellertävän valkoinen jalometallia . Se on yleensä löytyy malmit sisältävät platinaa tai nikkeliä . Erottamalla se malmien ontyöläs ja kallis tehtävä, joka on perusteltua ainoastaansamanaikainen elpyminen platinaa ja nikkeliä . Tärkein sovellus iridium on lisäaineena platina luoda seoksia, jotka lisäävät kovuutta jälkimmäisen metallia. Iridium korroosionkestävyys tekee siitä hyötyä myösvalmistuksen kohteita, jotka vaativat ehdotonta puhtautta kuten injektioneuloja ja rakettimoottorit .

PLATINUM
Atomic numero : 78
Kemiallinen merkki : Pt
Ryhmä VIII B siirtymäalkuaineen (Precious Metal)

Moneksi platinaa hyödyntää sen kemiallisen vakauden ja inertness . Sitä käytetään öljynjalostuksessa , hammaslääketieteen ,keraamisen teollisuuden ,sähkö-ja elektroniikkateollisuus , ja on erittäin arvostettu tekemiseen koruja . Platinum on hyötyä myösautoteollisuudessa. Se auttaa kemiallisia reaktioita, jotka siivota pakokaasujen tulevatmoottorit autojen, muuntaa hiilimonoksidin ja palamattomien polttoainetta vedeksi ja hiilidioksidiksi . Lisäksibaarissa iridium - platinaseosta toimiimaailmanlaajuinen standardikilogrammaa ,perusyksikkö massametrijärjestelmän .

GOLD
Atomic numero : 79
Kemiallinen merkki : Au
Ryhmä IB Transition Element (Precious Metal)

Kultaa käydään kauppaa pörsseissä javaihteluita sen hinta pidetäänindeksiterveydentaloutta. Se on kaikkein sitkeä ja muokattavaksi kaikki metallit . Koska se on myös yksi reagoi, se voi ylläpitää sen loistava kiilto . Luonnossa kulta , joka yleensä esiintyypuhdasta metallia , usein kuin Nuggets tai hiutaleita . Sen puhtaus mitataan karaattia . Puhdas kulta on sanottu olevan 24 - karaatin kultaa . Koska se on hyvin pehmeä , mutta useimmat kulta korut on valmistettu 18 karaatin kultaa .

MERCURY
Atomic numero : 80
Kemiallinen merkki : Hg
Ryhmä II B siirtymäalkuaineen

Elohopea on ainoa metalli, joka on nestemäinen huoneen lämpötilassa ja pysyy nestemäisenä hyvin laajalla ja kätevä lämpötila-alueella. Joitakin yhteisiä kotitalouksien tuotteita, jotka sisältävät elohopeaa ovat lämpömittarit , barometrit , termostaatit , hiljainen seinä kytkimet ja loistelamput . Teolliset sovellukset elohopeaa sisältävät diffuusio pumput ja elohopeahöyrylamppuja jotka tuottavatsinivalkoisemmalta valot katuvalaistus . Toinen hyödyllinen ominaisuus elohopea on sen kyky liuottaa muita metalleja , jolloin muodostuu seokset tunnetaan amalgaamit . Hammaslääkärit käyttävät usein hopea - elohopea amalgaamin täyttämään hampaita .

tallium
Atomic numero : 81
Kemiallinen merkki : Tl
Ryhmä IIIPost- Transition Metal

Yhteinen lähde tallium sinkin ja lyijyn jalostus . Tämä muokattaviksi ja heavy metal on varsin aktiivinen ja hitaasti syöpyy ilmassa . Tallium ja sen yhdisteet ovat erittäin myrkyllisiä ja on todisteita siitä , että se voi aiheuttaa syöpää . Tasaisessa kosketuksessa ihoon voi olla vaarallista vaikka hyvin pieninä pitoisuuksina tallium on käytettyhoitoon ringworms . Tallium sulfaatti onhajuton ja mauton myrkky, joka oli aiemmin käytettiin tappamaan rottia ja hyönteisiä , mutta se on nyt kielletty useissa maissa .

LEAD
Atomic numero : 82
Kemiallinen merkki : Pb
Ryhmä IV

Lyijy onerittäin taipuisana metalli, joka voidaan helposti muokattava , jotta astiat kaikenlaista. Lyijy kolikot ja veistos on löydetty Egyptin haudoista vuodelta 5000 eaa . Sitä käytetään yleisesti tehdä elektrodien lyijyakkujen . Lyijy on myöstärkeä osa juottaa käytetään tekemään sähkökytkentäpiirilevyjen tietokoneita ja televisioita . Lasiset näytöt televisioiden sisällä lyijyä suojatakatsojan säteilyltä . Itse asiassa jokainen tv sarja sisältää lähes puolikiloa lyijyä .

BISMUTH
Atomic numero : 83
Kemiallinen merkki : Bi
Ryhmä VA siirtymäkauden jälkeiseen Metal

Vismutti onvalkoinen, hauras metalli, joka onhieman kellertävä savy . Yhdiste vismuttisubnitraatti on käytettyantasidi hoidossa haavaumat. Vismuttioksidi onsuosittu keltainen pigmentti käytetään kosmetiikassa . Kuten vesi vismutti on yksi harvoista aineista , joka laajenee , kun se muuttuu nestemäisestä kiinteään . Tämä ominaisuus on käytetty tehdä seoksia , joiden tilavuus pysyy vakiona, kun he jähmettyä . Metallit seostetaan vismutti voidaan käyttää heittoja ja muotit, jotka säilyttävät tarkat mitat , vaikka täynnä sulan metallin .

polonium
Atomic numero : 84
Kemiallinen merkki : Po
Ryhmä VImetalloidi

Löytö polonium Marie ja Pierre Curie vuonna 1898 määrittelee yksi suurista hetkistätieteen historian johtaamoderni käsiteatomiytimen jaymmärrystä sen rakennetta. Polonium on 27 tunnettua isotoopit ja ne kaikki ovat radioaktiivisia . Yksi helpoimmin saatavilla on polonium 210 ,hopeanhohtoinen metalloidin joka on varsin epävakaa ja 100000 kertaa enemmän myrkyllisiä kuin syanidia . Radiologisissa laboratorioissaisotooppi sekoittaa jauhettua beryllium käytetään usein tuottamaan suuria määriä neutroneita ilman ydinreaktorin .

Astatine
Atomic numero : 85
Kemiallinen merkki : At
Ryhmä VIIHalogens

Pieniä määriä astatiini olemassa luonnollisesti kuinhajoamistuotteita uraani ja torium . Astatine valmisti ensimmäisenä vuonna 1940joukkue radiochemists pommittamalla vismuttia alfahiukkasia . Vain noin 1 miljoonasosagrammaa astatiini on tosiasiallisesti keinotekoisesti , ja sen vuoksi ei ole yllättävää, että vähän tiedetään sen ominaisuuksia. Sen kemiaa pitäisi olla melko samanlainen kuin jodi vaikkakin on jonkin verran näyttöä siitä, että se voi olla hiukan metallinen.

RADON
Atomic numero : 86
Kemiallinen merkki : Rn
Ryhmä VIIINoble Kaasut

Radon on tuotettu yhtenäsivutuotteetradioaktiivinen hajoaminen uraani ja torium . Radon - 222 , sen pisin asui isotooppia löytyy korkeat pitoisuudet SA Kaasu maaperässä , koska pieniä määriä uraania esiintyymaankuoressa . Kasvaessaan , tupakasta kannetaan saastuttamia radoniamaaperästä jauraanin rikas fosfaattilannoitteissa käyttää ruukkuja . Kuntupakkasavuke poltetaan sisäänhengitysilman savu altistaatupakoitsija Säteilypitoisuuksien 1000 kertaa suurempi kuin kohtaamattyöntekijäydinvoimalan .

Francium
Atomic numero : 87
Kemiallinen merkki : Fr
Ryhmä Ialkalimetallien

Francium on raskain alkalimetallien ja yksi epävakaa tunnetut . Kaikki sen isotoopit ovat radioaktiivisia vielä edes sen pisin asui isotooppia frankiumin - 223 puoliintumisaika on vain 21 minuuttia . Sen 30 tunnetaan isotooppien vain frankiumin 223 esiintyy luonnossa . Kaikkimuut isotooppeja frankiumin tuotetaan keinotekoisesti kiihdyttimet ja ydinreaktoreiden ja ovat liian epävakaita tutkitaan syvällisesti . Elementti löydettiin vuonna 1939 Marguerite Pereyn töissäCurie -instituutissa Pariisissa . Se on nimettymaassa, jossa se havaittiin .

RADIUM
Atomic numero : 88
Kemiallinen merkki : Ra
Ryhmä II-maa-alkalimetallien

Radium löysi Marie ja Pierre Curie vuonna 1898 . Löytö radium ja polonium , Marie Curie saiNobelin kemian . Se oli hänen toinen , hän oli jakanutensimmäisen miehensä ja Henri Becquerel 1903 löytö radioaktiivisuutta.
Puhdas radium metalli onloistava valkoinen väri ja on niin luminescent että se hohtaa pimeässä huokuiheikko sininen väri . Radium käytetään monissa lääketieteellisissä laitoksissa tuottaaradioaktiivinen kaasu, radon , jota käytetään syövän hoidossa.

aktinium
Atomic numero : 89
Kemiallinen merkki : Ac
Ryhmä III B Transition Element (Aktiniditutkimus)

Aktinium onradioaktiivinen alkuaine luontaisesti tuottamaradioaktiivinen hajoaminenpitkäikäisen elementit radium ja toriumin . Hyvin pieniä määriä sitä on tuotettu keinotekoisesti , ja se on hyvin rajallinen kaupallinen sovellus . Sen kemialliset ominaisuudet muistuttavat Lantaanin . Myös lantaani , se onensimmäinen sarjassa elementtejä kutsutaanaktinidit jotka ovat analogisia lantanideista . Kutenharvinaisten maametallien Nämä elementit elektronejasisemmän kiertoradan kuori ja näin ollen samankaltaiset fyysiset ja kemialliset ominaisuudet .

TORIUMMALMIEN
Atomic numero : 90
Kemiallinen merkki : Th
Ryhmä IIIB Transition Element (Aktiniditutkimus)

Torium on radioaktiivinen hopeanhohtoinen valkoinen metalli , joka tummuu hyvin hitaasti joutuessaan kosketuksiin ilman kanssa . Monatsiitista hiekka joista löytyy Floridan rannat voi sisältää jopa 10 % toriumia . Huolimatta radioaktiivisuus , torium ja sen yhdisteet on useita kaupallisia sovelluksia . Se toimii tehokkaana emitteri elektronien elektronisia laitteita varten . Loistava valo , että sen oksidi säteilee taas polttaa myös tekee hyödyllistä luomassa tietyt siirrettävät kaasulamput . Torium 232 ,isotooppi jossapuoliintumisaika 14000000000vuosi suuria lupauksia tullaydinenergian lähde tulevaisuudessa .

Protaktinium
Atomic numero : 91
Kemiallinen merkki : Pa
Ryhmä III B Transition Element (Aktiniditutkimus)

Se on yksi scarcest ja kallein kaikistaluonnollisesti olemassa olevia elementtejä. Vainmuutamia satoja grammoja ovat käytettävissä tutkimuksessa . Tämä niukka määrä on pitkälti tuotettu Englannissa noin 30 vuotta sitten , jos se on puristettu 60 tonnia malmia , jonka kustannukset olivat puoli miljoonaa dollaria . Ei paljon tiedetään sen fysikaaliset ja kemialliset ominaisuudet . Se onhopeinen valkoinen metalli , jossa on kirkas kiilto , että se menettää hyvin hitaasti ilmaa hapettumista. Se on myös tiedetään olevan erittäin myrkyllinen .

URANIUM
Atomic numero : 92
Kemiallinen merkki : U
Ryhma III B Transition Element (Aktiniditutkimus)

Uraani on viimeinen japainavin luonnollisesti esiintyviä osia . Löydettiin 1841 , se oli ensimmäinen radioaktiivinen alkuaine voidaan tunnistaa . Vuonna1930-luvun lopulla kokeiluja uraanin saksalaiset tiedemiehet Lise Meitner ja Otto Hahn havaittuprosessi, joka on myöhemmin tunnustettu olevanydinfission . Kykyvapautuvat neutronitfissio uraanin ytimen itselleen jakaa muiden uraanin ytimiä oli nopeasti hyödyntäätutkijat luodaomavaraista ketjureaktion. Kun määräysvallassa , tämä reaktio tuottaaenergiaa saadaan ydinreaktorien . Kun hallitsematon se voi luodaatomi räjähdys .

neptunium
Atomic numero : 93
Kemiallinen merkki : Np
Ryhmä III B Transition Element (Aktiniditutkimus)

Neptunium oli ensimmäinen keinotekoisesti valmistettu transuraanien elementti . Työskentelysyklotroniin atUniversity of California at Berkeleyn vuonna 1940 , Yhdysvaltain fyysikot Edwin McMillan ja Philip Abelson tuotettu neptuniumin pommittamalla uraanin neutroneja. Nyt tiedetään , että pieniä määriä neptuniumin d todella olemassa luonnossatoiminnan tuloksena neutronisovellukseturaanin elementti . Tällä hetkellä 18 isotoopit neptuniumin on tuotettu ne kaikki radioactive.The tärkein jaensimmäinen, joka on tuotettu oli neptunium 237 puoliintumisaika 2,1 miljoonaa vuotta.

PLUTONIUM
Atomic numero : 94
Kemiallinen merkki : Pu
Ryhmä III B Transition Element (Aktiniditutkimus)

Plutonium on 15 tunnettua isotooppeja ne kaikki radioaktiivinen. Plutonium 239 onkaikkein tärkein, koska se helposti halkeamisten kun pommitetaan termisiä neutroneja . Kuten uraani 235, ytimet sen atomien jaettu kahteen keskikokoisen ytimet (kutsutaan fission fragmentit) vapautuu suuria määriä energiaa ja tuottaa enemmän neutroneja yllä ketjureaktion . Sekoittaa jauhettua beryllium , se ontehokas lähde neutronien tieteelliseen työhön . Plutonium voidaan tuottaa valtavia määriä ydinreaktoreissa . Sen runsaus on tehnytykkösvalinta ydinaseita .

amerikium
Atomic numero : 95
Kemiallinen merkki : Am
Ryhmä III B Transition Element (Aktiniditutkimus)

Se löydettiin vuonna 1944 tiimi kemistit johdolla Glenn Seaborg.His joukkue tuotettu amerikium - 241 , joka on yksi14 tiedossa isotooppeja jotka kaikki ovat radioaktiivisia . Amerikium 241 tehdään suuria määriä ydinreaktoreissa . Voimakas gammasäteily se säteilee tekee siitä erittäin hyödyllinenkannettavien lähde röntgenkuvat . Sitä käytetään myös palovaroitin .

curium
Atomic numero : 96
Kemiallinen merkki : Cm
Ryhmä III B Transition Element (Aktiniditutkimus)

Curium onhopeanhohtoinen valkoinen metalli , joka on hyvin reaktiivinen . Ensimmäinen 14 tiedetään isotooppeja löytäjäänsä oli curium 242 . Curium 242 ja curium 244 on käytetty lähteinä energian saannin syrjäseuduilla . Säteily nämä isotoopit säteilevät voidaan muuntaa lämmöksi ja sitten sähköksi lämpömittarilla laitteita . Vaikka se on suhteellisen lyhyt puoliintumisaika ,teho curium 242 on vaikuttava eli noin kaksi-kolme wattia per gramma . Nämä kompaktit yksiköt ovat hyödyllisiä sydämentahdistin , kauko navigoinnin poijut ja avaruuslentoja.

Berkelium
Atomi numero ; 97
Kemiallinen merkki : Bk
Ryhmä III B Transition Element (Aktiniditutkimus)

Se löydettiin Berkeleyn vuonna 1949tiimi koostuu George Seaborg , Stanley Thompson ja Albert Ghiorso ja nimettiinkaupungin . Ne syntetisoitiin sen avullasyklotroni pommittaanäyte amerikium 241 , jossa alfa- hiukkasia . Käyttäminen Berkelium 249 , oli mahdollista vuonna 1962 tuottaa 3 miljardisosaagramma Berkelium kloridi . Ole kaupallista tai tieteellistä sovelluksia on vielä kehitetty .

kalifornium
Atomi numero ; 98
Kemiallinen merkki : Cf
Ryhmä III B Transition Element (Aktiniditutkimus)

Sen löysitiimi kemistit käyttääsyklotronista pommittaa curium 242 alfa hiukkasia . Isotooppi kalifornium 252 nimettyKalifornian osavaltion spontaanisti säteilee neutroneja . Neutronilähteet ovat joskus vaikea löytää . Jokoydinreaktorin vaaditaan tai joitakin erittäin radioaktiivista päästötason alfahiukkaset kuten plutoniumia on sekoitettava beryllium jauhetta . Löytöerittäin kannettava neutronilähteen ehdottaa monia mahdollisia sovelluksia kalifornium 252.It voidaan helposti ottaakentätanalyysi öljy-laakeri kerrosta maan tai kaivos kultaa ja hopeaa

Einsteinium
Atomic numero : 99
Kemiallinen merkki : Es
Ryhmä III B Transition Element (Aktiniditutkimus)

Albert Ghiorso ja hänen työtoverinsa löysi tämän elementti vuonna 1952 ja samalla tutkiaroskia vetypommi räjähdysPacific.16 isotoopit ovat tiedossa,vakain olento einsteinium 254 puoliintumisaika on 252 päivää . Useimmat näistä isotoopeja on tuotettukorkean Flux Isotope Reactorilla Oak Ridge National Laboratory Tennesseessä säteilyttämällä plutonium 239 intensiivistä palkit neutroneja .

Fermium
Atomic numero : 100
Kemiallinen merkki : Fm
Ryhmä III B Transition Element (Aktiniditutkimus)

Kuten einsteinium , Fermium tunnistettiin vuonna 1952 Ghiorso ja työtoveritroskia
vetypommi räjähdys Tyynellämerellä. Isotoopit Fermium nimetty Enrico Fermi yleensä
syntetisoidaan alistamalla elementtejä, kuten uraani ja plutonium intensiivistä neutroni
pommituksen . Neutroni rikas ympäristö ,elementti kuten uraani voi läpi onnistuneita
neutronikaappausvaikutusalat usein imevää peräti 16-17 neutronien tuottaaraskaita
transuraaneja .

Mendelevium
Atomic numero : 101
Kemiallinen merkki : Md
Ryhmä III B Transition Element (Aktiniditutkimus)

Yhdeksäs keinotekoinen transuraanien elementti nimetty Dmitri Mendeleyev löydettiin
vuonna 1955ryhmä tiedemiehiä alle Albert Ghiorso . Jatkuvat heidän etsiessään yhä
raskaampia aineitatiimi käyttääsyklotronista Berkeleyn pommittaa einsteinium 253 alfa
hiukkasia (heliumydinten) ja lopulta valmistettu Mendelevium 256 . Pieniä määriä teki
sen tunnistaminen erittäin vaikeaa . On usein sanottu, että tämä elementti syntetisoitiin
yksi atomi kerrallaan . Vain pieniä määriä Mendelevium isotooppien on tehty , ja
tiedetään hyvin vähän niiden kemiaa .

Nobelium
Atomic numero : 102
Kemiallinen merkki : Ei
Ryhmä III B Transition Element (Aktiniditutkimus)

Luomisessa Nobelium 254 , Ghiorso ja hänen kollegansa pommitetaannäyte curium
246 hiilellä 12 ionit käyttäenHeavy Ion Linear Accelerator . 11 isotoopit ovat tähän
mennessä on syntetisoitu ja kaikki ovat radioaktiivisia. Nobelium 259 onpisin
asuipuoliintumisaika 57 minuuttia . Nimetty Alfred Nobel , se on tuotettu määrinä
riittävän suuri , jottatutkimus sen kemialliset ja fysikaaliset ominaisuudet .

Lawrencium
Atomic numero : 103
Kemiallinen merkki : Lr
Ryhmä III B (Aktiniditutkimus)

Jatkavat hämmästyttävää merkkijono löytöjä,Berkeley tutkijat syntetisoitu ja eristetty
lawrencium vuonna 1961 pommittamallaseosta 3 isotooppien kalifornium boori 10 ja

boori 11 ionit käyttäen Heavy Ion Linear Accelerator . Tavoite painoi vain muutama miljoonasosagramman vieläjoukkue onnistuneet valmistamaan lawrencium 258 , jossapuoliintumisaika on 4 sekuntia . Se nimettiin kunniaksi Ernest O.Lawrence ,keksijäsyklotronin .

rutherfordium
Atomic numero : 104
Kemiallinen merkki : Rf
Ryhmä IV BTransactinide

Historia kilpailevia vaatimuksia sekavanimeäminen elementin 104 . Joukkue Berkeley sekäryhmä Venäjältä ottanut kunnian elementti 104 . Amerikkalainen väite voittipäivä . Se on nimettyuusiseelantilainen Ernest Rutherford !

Dubnium
Atomic numero : 105
Kemiallinen merkki : Db
Ryhmä VBTransactinide .

Kiistanalaisista korvauksista ilmitulon ovat vaivanneet elementti 105 . Vuonna 1970 Ghiorso ja hänen ryhmänsä Berkeley pommitetaan kalifornium 249 raskaan typen 15 - ioneja ja varmasti tunnistaaelementin , jonka he nimetty Otto Hahn ja saanut hyväksynnän American Chemical Society . Kuitenkin vuonna 1997IUPAC päätti t muuttaanimensa Dubnium . Sen kemialliset ja fysikaaliset ominaisuudet ovat tuntemattomia .

Seaborgium
Atomic numero : 106
Kemiallinen merkki : Sg
Ryhmä VI BTransactinide

Kuten kaksi muuta kiistanalaiset osat ,väite löytö elementin 106 sekäoikeus nimetä se olisyntynyt erimielisyyttä . Vuonna 1974Venäjän joukkue ilmoitti, että ne olivat tuottaneet unnilhexium . Koska kokeissa ei kyennyt todistamaan niiden seurauksena heidän vaatimuksensa oli epävarma . Suunnilleen samaan aikaan , tutkijat Berkeley raportoitulöytö unnilhexium 263 jälkeen pommittaa kalifornium 249 hapella 18 . Vuonna 1993 tutkijatLawrence Livermore ja Berkeley Laboratories toistuvakokeilu ja vahvistituloksen . Se nimettiin kunniaksi Glenn Seaborg .

Bohrium
Atomic numero : 107

Kemiallinen merkki : Bh
Ryhmä VII BTransactinide

Vuonna 1981luomista unnilseptium julkistettiin fyysikot työskentelevät Darmstadt ,
SaksassaGSI . Ehdotetun työryhmännimi nielsbohrium jälkeen Neils Bohr . Heidän
tutkimuksensa väitteet vahvistettiin vuonna 1992IUPAC . Vuonna 1997 he
muuttivatnimensä Bohrium .

Hassium
Atomic numero : 108
Kemiallinen merkki : Hs
Ryhmä VIII BTransactinide

Vuonna 1984joukkue johtaa Peter Ambruster ja Gottfried Münzenberg ilmoittilöytö
unniloctium , osa 108 . Tämä olisama tiimi, joka oli syntetisoitu Bohrium . Nimi he
ehdotettiin Hassium jälkeen haasialatinalainen nimiSaksan valtion Hesse . Vuonna
1992IUPAC havaintoja janimi . Kemialliset ja fysikaaliset ominaisuudet ovat
tuntemattomia .

Meitnerium
Atomic numero : 109
Kemiallinen merkki : Mt
Ryhmä VIII BTransactinide

Vuonna 1982 ,Darmstadt joukkue ilmoittilöytö elementin 109 pommittamalla vismuttia
209 korkean energian rautaa 58 ioneja . Uskomattomalta kuin se saattaakin tuntua vain
3 atomia luotiin ja he rapistunut muutamassa 3,4 tuhannesosasekunnissa. He esittivät
name it jälkeen Lise Meitner joka oli nyrkki kuvattu ydinfissiolla yhdessä Otto Hahn .

UNUNNILIUM
Atomic numero : 110
Kemiallinen merkki ; Uun
Ryhmä VIII BTransactinide

Lähes 10 vuotta kansainvälisiä tutkijoita työskentelee GSI Saksassa luonut neljä tai viisi
atomia uuden elementin 110 . Käyttämällä suuri kiihdytin ajaa nikkelin atomien suurilla
nopeuksilla he pommittivatohut kalvo lyijyä näillä nopeasti liikkuvat atomit nikkeliä . Uusi
elementti nopeasti lohkeilevat ja hajoaa kevyempi atomien . Sitä havaittiin4
alfahiukkaset se säteilee aikana hajoaminen .

Unununium
Atomic numero : 111

Kemiallinen merkki : Uuu
Ryhmä IBTransactinide

Kemialliset ominaisuudet elementti 111 ei ole tiedossa . Koska se sijaitsee samassa sarakkeessa kuin kulta ja hopea se on oletettavastimetallia . Jälkeen kiihtyy nikkeli atomien suurilla nopeuksilla Saksalaiset tutkijat pommitetaan vismuttia näitä nopeasti liikkuvia nikkeli atomit . Tunnistaminen tämä elementti on merkittävä , sillä se tukeeteoriaa , että on olemassa"saari vakautta " elementeille lähellä elementin 114 . Elementti puoliintumisaika on noin 8 kertaa, että ununnilium .

UNUNBIIUM
Atomic numero : 112
Kemiallinen merkki : Uub
Ryhmä II BTransactinide

Helmikuun 9,1996 GSI Saksassa ilmoitti perustaneensa elementin 112 kaikki kunniakansainvälinen joukkue alla Peter Ambruster . He olivat pommitetaan sinkin atomien joka oli kiihtyi suurilla nopeuksilla nopeasti liikkuvia luoteja lyijyä . Törmäyksessäsinkkiatomi onnistui sulakelyijyatomin .

UNUNQUADIUM
Atomic numero : 114
Kemiallinen merkki : Uuq
Ryhmä IBTranscatinide

Vuonna 1999Ryhmä tiedemiehäJoint Institute for Nuclear Research Venäjällä ilmoitti perustaneensauuden ultra - heavy metal . Joukkue hyödyntääsyklotronista pommittaa plutoniumia 244 palkilla kalsiumia 48 ytimeksi. Jälkeen noin 40 päivän pommitukset ,calicium tuma 20 protonia fuusioidaan plutoniumia tuma 94 protonia tuottaaelementti 114 protoneja . Vaikka epävakaa se selvisisuhteellisen kauan .

Päättäväisyyttä löytää luonnon piilotettuja vastauksia ei ole väistynyt . Pyrkimys jääyhä jatkuva haku uusien raskainta elementtejä . Primus vaivaa onetsiä tietoa, joka käynnistäärikas uuden opintolinjallaydinaseiden ja kemiallisten ominaisuuksienelementteja.

On myösutilitaristisemmilla motivaatiotaetsimään elementtejä, jotka muodostavatsaaren vakautta . Monet tutkijat uskovat esimerkiksi , että nämä uudet elementit muodostavat epätavallisia materiaaleja eksoottisia ominaisuuksia koskaan ennen nähnyt . Vastauksia etsitään tässä työssä ovat olennaisen tärkeitä meidän käsitys maailmankaikkeudesta .